LES SECRETS DU CALCUL MENTAL

« Tout le monde est capable de calculer en un clin d'œil »

Pascal IMBERT

Droits d'auteur © 2014, Pascal Imbert

Tous droits réservés

CreateSpace, ISBN-13: 978-1499335149

TABLE DES MATIERES

TECHNIQUES DE MULTIPLICATION 47

Introduction

Les mathématiques sont pour beaucoup d'entre nous assimilées à des souvenirs désagréables d'école. Nombreux sont ceux qui, à l'évocation du mot mathématiques, ont des sueurs froides et se revoient face à un tableau noir ou devant une copie d'examen à se gratter la tête en se demandant comment déchiffrer puis résoudre le problème donné. Pour autant, les mathématiques ne se cantonnent pas à l'école et ont envahi notre quotidien, même si cela n'est pas flagrant de prime abord. Nombre de situations de la vie de tous les jours nous amènent à manipuler les chiffres. Prenons l'exemple d'une journée classique :

De bon matin, vous vous rendez chez votre marchand de journaux favori pour y acheter votre journal quotidien. Vous le payez avec un billet de 5 euros, pouvez-vous déterminer facilement la monnaie que le commerçant vous rendra ?

Puis vous allez au supermarché pour y faire quelques courses. Vous remplissez votre panier avec une dizaine de produits. Etes-vous capable d'estimer quel sera le prix approximatif qui figurera sur votre ticket de caisse ?

Par la suite, vous passez par votre bureau de poste car vous avez besoin de 11 timbres à 0,63 euro. Quelle monnaie devez-vous préparer pour régler votre achat ?

De retour à la maison, vous décidez de préparer le repas et cherchez l'inspiration dans une livre de recettes. La recette que vous choisissez liste les ingrédients nécessaires pour 6 personnes. De votre côté, vous cuisinez pour 4 personnes seulement. Savez-vous déterminer simplement quelle quantité de chacun des ingrédients vous devrez utiliser ?

Dans l'après-midi, vous décidez de planter du gazon dans votre jardin. Comment saurez-vous facilement combien de sacs de graines vous devrez acheter ?

Tous ces exemples ont un point commun : ils vous montrent l'importance du calcul mental. Dans toutes ces situations, il n'est pas forcément pratique de sortir une calculatrice. De plus, il est scientifiquement démontré que solliciter son cerveau permet de le garder entraîné et d'accroitre ses capacités. Dès lors, je m'engage à vous réconcilier avec les mathématiques et le calcul mental, quel que soit votre niveau aujourd'hui !

Savez-vous que la plupart des opérations, que ce soient des additions, soustractions, multiplications et divisions peuvent être effectuées mentalement même si vous avez abandonné les mathématiques depuis longtemps ou n'y avez jamais rien compris ? La seule condition pour y parvenir est de connaître quelques techniques qui permettent de considérablement simplifier le problème posé et d'un peu d'entrainement.

Ces techniques, je vais vous les enseigner dans ce livre. Avec un peu de pratique et quelles que soient vos compétences actuelles en mathématiques, vous serez très rapidement capable d'effectuer mentalement tout type de calcul même sur des nombres à 3 chiffres. Après avoir lu ce livre, vous ne regarderez plus les chiffres comme avant, certaines situations aujourd'hui complexes vous apparaitront limpides. Vous surprendrez votre famille et vos amis en effectuant des calculs de tête en quelques secondes seulement.

Ce livre est construit afin que le cheminement du lecteur soit progressif et que chaque notion abordée dans un chapitre s'appuie sur des éléments qui auront été vus dans des chapitres précédents. Prenez donc le temps de lire ce livre chapitre après chapitre, de bien comprendre les techniques qui y sont expliquées et de faire les différents exercices. Ne passez pas trop vite d'un chapitre à l'autre, ne brulez pas les étapes. En respectant ces conseils, vous progresserez rapidement et serez vous-même étonné de vos performances et de la facilité avec laquelle vous pourrez calculer mentalement.

Techniques d'addition

Faites la distinction entre un chiffre et un nombre

Dans la suite de cet ouvrage, nous serons amenés à parler de chiffres et de nombres. C'est pourquoi, afin que vous puissiez me suivre, il est important que je vous précise la différence qu'il existe entre ces deux termes :

Un **chiffre** est toujours compris entre 0 et 9 : il existe donc 10 chiffres qui sont 0, 1, 2, 3, 4, 5, 6, 7, 8 et 9.

Un **nombre** est constitué d'un ensemble de chiffres mis bout à bout : 1256 est par exemple un nombre à 4 chiffres, constitué des chiffres 1, 2, 5 et 6. De même 658954 est un nombre à 6 chiffres, constitué des chiffres 6, 5, 8, 9, 5 et 4.

Si tout cela est limpide, nous pouvons passer à l'étape suivante.

La clé : additionnez de gauche à droite

La plupart des techniques de calcul enseignées à l'école sont adaptées à la résolution de problèmes par écrit. Ainsi est-il commun d'effectuer des opérations de la droite vers la gauche. Pour autant, les situations de la vie quotidienne sont davantage propices au calcul mental.

Or, l'un des premiers conseils que l'on peut donner à quiconque souhaite développer ses capacités en calcul mental est de prendre pour habitude de calculer de la gauche vers la droite.

Par écrit, il est possible d'additionner 4500 + 67 de la droite vers la gauche cependant lorsque le calcul est effectué de tête, il est plus naturel et rapide de le faire de la gauche vers la droite.

Ce conseil s'applique quel que soit le type d'opération à réaliser : addition, soustraction, multiplication et division.

En calcul mental, effectuez toujours les opérations de la gauche vers la droite.

Additionnez plus vite par la méthode des regroupements

Vous effectuerez plus facilement des additions si vous parvenez à identifier les chiffres qui, additionnés entre eux, donnent 10. Les chiffres à associer sont les suivants :

1	9	1 + 9 = 10
2	8	2 + 8 =10
3	7	3 + 7 = 10
4	6	4 + 6 = 10
5	5	5 + 5 = 10

Figure 1 : tableau des regroupements

Ainsi lorsque vous effectuez une addition, commencez par regrouper mentalement les nombres qui se terminent par des chiffres complémentaires.

Illustration :

Votre liste de courses contient 6 articles, comme indiqué ci-dessous :

Dentifrice	7 €
Gel douche	6 €

Boucherie	31 €
Légumes	24 €
Boissons	23 €
Surgelés	19 €

Pour effectuer l'addition de ce ticket de caisse, regroupez les articles en fonction du dernier chiffre de leur prix comme indiqué dans le tableau des regroupements (figure 1), ce qui donne :

Dentifrice	7 €
Boissons	23 €
Gel douche	6 €
Légumes	24 €
Boucherie	31 €
Surgelés	19 €

Il est ainsi plus aisé d'effectuer les additions 2 à 2 puisque :
dentifrice + boissons = 7 + 23 = 30 €
gel douche + légumes = 6 + 24 = 30 €
boucherie + surgelés = 31 + 19 = 50 €
Soit un total de 110 €

Exercices :

Effectuez les regroupements permettant de faciliter le calcul de :

a/ 46 + 25 + 53 + 4 + 37 + 15
b/ 12 + 21 + 14 + 39 + 16 + 28
c/ 105 + 33 + 60 + 10 + 25 + 47

Réponses :
a/ (46 + 4) + (25 + 15) + (53 + 37) = 50 + 40 + 90 = 180
b/ (12 + 28) + (21 + 39) + (14 + 16) = 40 + 60 + 30 = 130
c/ (105 + 25) + (33 + 47) + (60 + 10) = 130 + 80 + 70 = 280

Décomposez une addition avec les nombres proches

La méthode des regroupements montre à quel point il est plus aisé de réaliser des additions dès que l'on parvient à faire apparaître des nombres contenant des 0 dans le calcul.

Ainsi, lorsque certains nombres d'une addition sont proches de nombres entiers tels que 100, 200, 300 ... 1000 etc...., il est très utile de manipuler ces nombres pour simplifier notablement la résolution du calcul.

Le but du jeu est ici de modifier la forme de l'addition pour l'écrire d'une façon plus lisible et plus facilement interprétable par notre cerveau.

Illustration :

Supposons que l'on vous donne l'addition suivante à réaliser : 356 + 696.

Mentalement, vous identifiez que 696 est proche de 700 :
696 = 700 - 4

L'addition proposée peut donc s'écrire sous une forme plus simple qui est :
356 + 700 - 4

En calculant de gauche à droite : 1056 – 4 = 1052

Utilisons le même principe pour calculer : 204 + 387 + 615

Mentalement, vous identifiez que :
204 est proche de 200 (204 = 200 + 4)
387 est proche de 400 (387 = 400 – 13)
615 est proche de 600 (615 = 600 + 15)

On peut donc réécrire l'addition sous la forme suivante :
200 + 4 + 400 – 13 + 600 + 15

En utilisant la méthode des regroupements : 200 + 400 + 600 + 4 – 13 + 15

Soit 1200 + 6 = 1206

Exercices :

Effectuez les additions suivantes par la méthode de décomposition :

a/ 196 + 742
b/ 203 + 536 + 488

Réponses :
a/ 200 – 4 + 742 = 942 – 4 = 938
b/ 200 + 3 + 500 + 36 + 500 – 12 = 1200 + 27 = 1227

Utilisez la méthode de décomposition par nombres proches pour simplifier les additions en y faisant apparaître des 0.

Découpez les nombres pour faire une addition : efficacité garantie !

Une méthode méconnue mais très efficace pour réduire une addition difficile en 2 ou 3 additions plus simples consiste à découper les nombres.

Lors du calcul mental, découper les nombres peut considérablement réduire la difficulté du calcul.

Illustration :

Supposons que l'on vous donne l'addition suivante à réaliser : 326521 + 432478.

Mentalement vous opérez le découpage suivant :
32 / 65 / 21
43 / 24 / 78

Et vous additionnez les nombres ainsi découpés :
32 + 43 = 75
65 + 24 = 89
21 + 78 = 99

Ce qui donne, en mettant les résultats bout à bout, 758999.

Parfois, le calcul est un peu plus compliqué car il y a une retenue comme dans le cas où vous devez calculer 541268 + 39323

Mentalement vous opérez le découpage suivant :
54 / 12 / 68
03 / 93 / 23 (on ajoute un 0 au début afin que les 2 nombres à additionner aient chacun 6 chiffres)

Et vous additionnez les nombres ainsi découpés :
54 + 03 = 57
12 + 93 = **105** (vous devez ne conserver que 2 chiffres, le 1 viendra donc s'ajouter au 57 précédemment obtenu, ce qui donne 58)
68 + 23 = 91

Ce qui donne 580591.

Exercices :

Effectuez les additions suivantes par la méthode de découpage :

a/ 541247 + 251478
b/ 32569 + 4781
c/ 365214 + 325874

Réponses :
a/ 54/12/47 + 25/14/78 = 54 + 25 / 12 + 14 / 47 + 78 = 79
*/ 26 / **1**25 = 79 / 27 / 25 = 792725*
*b/ 3/25/69 + 47/81 = 3 / 25 + 47 / 69 + 81 = 3 / 72 / **1**50 =*
3 / 73 / 50 = 37350
c/ 36/52/14 + 32/58/74 = 36 + 32 / 52 + 58 / 14 + 74 = 68
*/ **1**10 / 88 = 69 / 10 / 88 = 691088*

Utilisez la méthode de découpage des nombres pour simplifier les additions sur de grands nombres.

Apprenez à déterminer une racine numérique

Laissons un instant de côté les méthodes de calcul pour nous intéresser à la notion de racine numérique. Cette notion dont le nom est, je vous l'accorde, un peu barbare est très simple à assimiler et vous sera d'une grande utilité au quotidien.

Vous avez certainement déjà feuilleté les dernières pages d'un magazine féminin et êtes tombés sur la rubrique Numérologie. Dans cette rubrique, vous apprenez ce que le futur vous réserve selon votre numéro fétiche compris entre 0 et 9.

Ce numéro est calculé très simplement à partir de votre date de naissance. Supposons que votre date de naissance soit le 20 août 1976 ou 20/08/1976. Vous additionnez alors tous les chiffres de cette date : 2 + 0 + 0 + 8 + 1 + 9 + 7 + 6 ce qui donne 33. Vous additionnez maintenant les chiffres de ce nombre : 3 + 3 = 6. Si vous êtes né le 20 août 1976, votre chiffre fétiche est donc le 6.

Ce chiffre s'appelle la **racine numérique**. Il est obtenu par additions successives des chiffres constituant un nombre, jusqu'à obtention d'un chiffre compris entre 0 et 9.

Exercices :

Déterminez la racine numérique des nombres suivants :

a/ 54126
b/ 8745
c/ 236514

Réponses :
a/ 5+4+1+2+6=18 → 1+8 = 9
b/ 8+7+4+5=24 → 2+4 = 6
c/ 2+3+6+5+1+4=21 → 2+1 = 3

La racine numérique est un chiffre compris entre 0 et 9 résultant de l'addition successive des chiffres d'un nombre.

Vérifiez le résultat d'une addition

Dans le chapitre précédent, je vous ai vendu la racine numérique comme un outil très utile au quotidien. En effet, vous pourrez utiliser celle-ci après chacun de vos calculs, que ce soient des additions, des soustractions, des multiplications ou des divisions, pour vous assurer que le résultat que vous avez trouvé n'est pas faux.

Je vais à présent vous montrer comment utiliser la racine numérique pour vérifier le résultat d'une addition.

Illustration :

Précédemment nous avons calculé 326521 + 432478 = 758999

Calculons les racines numériques des nombres additionnés et du résultat :
326521 : 3+2+6+5+2+1=19 → 1+9=10 → 1+0 = 1
432478 : 4+3+2+4+7+8=28 → 2+8=10 → 1+0 = 1
758999 : 7+5+8+9+9+9=47 → 4+7=11 → 1+1 = 2

L'opération que nous avons réalisée (326521 + 432478) est une addition.

Nous additionnons donc la racine numérique de 326521 (qui est 1) et celle de 432478 (qui est 1), ce qui donne 2.

Nous vérifions que la racine numérique ainsi obtenue est égale à la racine numérique du résultat 758999 (qui est 2).

Si nous obtenons la même racine numérique, c'est que le calcul est probablement juste ; si ce n'est pas le cas, il est certain que le calcul est faux.

Exercices :

Déterminez, par la méthode de la racine numérique, si les calculs suivants sont faux :

a/ 359 + 423 = 782
b/ 1026 + 478 = 1504
c/ 586 + 1234 = 1830

Réponses :
a/
Détermination des racines numériques :
359 : 3+5+9=17→1+7=8
423 : 4+2+3=9
782 : 7+8+2=17→1+7=8

Addition des racines numériques :
8+9=17→1+7=8
Les racines numériques sont égales, le calcul est surement juste.

b/
Détermination des racines numériques :
1026 : 1+0+2+6=9
478 : 4+7+8=19→1+9=1
1504 : 1+5+0+4=10→1+0=1
Addition des racines numériques :
9+1=10→1+0=1
Les racines numériques sont égales, le calcul est surement juste.

c/
Détermination des racines numériques :
586 : 5+8+6=19→1+9=10→1+0=1
1234 : 1+2+3+4=10→1+0=1
1830 : 1+8+3+0=12→1+2=3
Addition des racines numériques :
1+1=2
Les racines numériques ne sont pas égales, le calcul est faux de façon certaine.

Déterminez si le résultat d'une addition est faux en utilisant les racines numériques.

Techniques de soustraction

Soustrayez de gauche à droite, c'est plus simple

Nous avons vu qu'en calcul mental, il est plus facile de calculer de la gauche vers la droite.

Il y a beaucoup d'avantages à faire des calculs de gauche à droite parce que nous prononçons et écrivons les nombres de gauche à droite. Mais, parfois, nous n'avons besoin que des premiers chiffres significatifs et cela serait une perte de temps de faire tous les calculs, comme c'est le cas quand on commence à droite.

Illustration :

Supposons que l'on vous donne la soustraction suivante à réaliser :

$$
\begin{array}{r}
62 \\
- \ 47 \\
\end{array}
$$

Mentalement vous opérez le calcul de gauche à droite :

6 – 4 = 2
Voyant que, dans la colonne suivante 2 – 7 ne sera pas possible, retranchez 1 au résultat obtenu soit 2 – 1 = 1 ;

Maintenant, dans la 2ème colonne, calculez 12 - 7 au lieu de 2 – 7 : 12 – 7 = 5

Ce qui donne, en mettant les résultats bout à bout, 15.

Cette méthode de soustraction peut être étendue à des nombres plus longs :

$$41268$$
$$-\ 39323$$

En commençant par la gauche :

4 – 3 = 1 mais comme le calcul de la colonne suivante n'est pas possible (1 – 9) on retranche 1 au résultat soit 1 – 1 = 0 et dans la colonne suivante on calculera 11 – 9 au lieu de 1 - 9,

Dans la colonne 2, on calcule 11 − 9 = 2 mais comme le calcul de la colonne suivante n'est pas possible (2 − 3), on retranche 1 au résultat soit 2 − 1 = 1 et dans la colonne suivante on calculera 12 − 3 au lieu de 2 - 3,

Dans la colonne 3, on calcule 12 − 3 = 9 et on s'aperçoit que le calcul de la colonne suivante est possible (6 − 2), on garde donc ce résultat (9),

Dans la colonne 4, on calcule 6 − 2 = 4 et on s'aperçoit que le calcul de la colonne suivante est possible (8 − 3), on garde donc ce résultat (4),

Dans la colonne 5, on calcule 8 − 3 = 5

On met alors tous les chiffres obtenus bout à bout pour obtenir 01945 soit 1945. On en déduit que 41268 − 39323 = 1945.

Exercices :

Effectuez les soustractions suivantes de gauche à droite :

a/ 2568 - 1243
b/ 7236 - 4412

c/ 5214 - 1875

Réponses :
a/ 1325
b/ 2824
c/ 3339

Effectuez vos soustractions de gauche à droite :

Soustrayez dans chaque colonne, en commençant à gauche, mais avant d'écrire la réponse, vous regardez la colonne suivante :
- Si le haut est plus grand que le bas, vous écrivez la réponse.
- Si non, vous réduisez le chiffre de 1, écrivez le résultat et donnez l'autre 1 au petit nombre du haut de la colonne suivante.
- Si les chiffres sont les mêmes, regardez la colonne suivante pour décider de la marche à suivre.

Décomposez une soustraction avec les nombres proches

Comme pour l'addition, une soustraction peut être simplifiée dès lors que l'on parvient à faire apparaître des nombres contenant des 0 dans le calcul.

Le but du jeu est de modifier la forme de la soustraction pour l'écrire d'une façon plus lisible et plus facilement interprétable par notre cerveau. En effet, celui-ci a une capacité naturelle à voir combien il manque à quelque chose pour combler un vide.

Ainsi 98 est proche de 100 mais il manque 2, de même que 389 est proche de 400 mais il manque 11. Cette constatation permet de calculer plus simplement.

Illustration :

Supposons que l'on vous donne la soustraction suivante à réaliser : 54 - 18.

Mentalement, vous identifiez que 18 est proche de 20 :
18 = 20 - 2

La soustraction proposée peut donc s'écrire sous une forme plus simple qui est :

54 - 20 + 2 (en retranchant 20 au lieu de 18, on retranche 2 de trop, qu'il faut donc rajouter)

Ce qui donne 34 + 2 = 36

Utilisons le même principe pour calculer : 967 - 401 - 198

Mentalement, vous identifiez que :
401 est proche de 400 (401 = 400 + 1)
198 est proche de 200 (198 = 200 - 2)

On peut donc réécrire l'addition sous la forme suivante :
967 – (400 + 1) – (200 – 2) = 967 – 400 – 1 – 200 + 2

En utilisant la méthode des regroupements : 967 - 400 - 200 - 1 + 2

Soit 367 + 1 = 368

Exercices :

Effectuez les soustractions suivantes par la méthode de décomposition :

a/ 536 - 122
b/ 846 - 295 - 197

Réponses :
a/ 536 – 100 - 22 = 436 – 22 = 414
b/ 846 - 300 + 5 - 200 + 3 = 346 + 8 = 354

Utilisez la méthode de décomposition par nombres proches pour simplifier les soustractions en y faisant apparaître des 0.

Découpez les nombres pour faire une soustraction c'est plus simple

Comme pour les additions, en calcul mental sur les soustractions, découper les nombres peut considérablement réduire la difficulté du calcul.

Illustration :

Supposons que l'on vous donne la soustraction suivante à réaliser :

$$541236$$
$$- \ 251012$$

Mentalement vous opérez le découpage suivant :
541236 : 54 / 12 / 36
251012 : 25 / 10 / 12

Et vous soustrayez les nombres ainsi découpés :
54 - 25 = 29
12 - 10 = 02
36 - 12 = 24

Ce qui donne, en mettant les résultats bout à bout, 290224.

Parfois, le calcul semble un peu plus compliqué comme dans le cas où vous devez calculer :

$$845219$$
$$- \quad 632587$$

En effet, si l'on découpe les nombres 2 à 2, 84/52/19 et 63/25/87, le dernier calcul à effectuer sera 19 – 87 ...
De même, si on découpe les nombres 3 à 3, 845/219 et 632/587, le dernier calcul à effectuer sera 219 – 587 ...

Le meilleur découpage est le suivant :
84 / 521 / 9
63 / 258 / 7

Et vous soustrayez les nombres ainsi découpés :
84 - 63 = 21
521 - 258 = 521 – 200 – 58 = 321 – 58 = 263
9 - 7 = 2

Ce qui donne 212632.

Il est donc important de déterminer dès le départ quel est le découpage le plus judicieux.

Exercices :

Effectuez les soustractions suivantes par une méthode de découpage judicieuse :

a/ 378514 - 227309
b/ 44625 - 21563
c/ 87452 - 63247

Réponses :
a/ 37/85/14 – 22/73/09 = 37 - 22 / 85 – 73 / 14 – 09 = 15 / 12 / 05 = 151205
b/ 44/62/5 – 21/56/3 = 44 - 21 / 62 - 56 / 5 – 3 = 23 / 06 / 2 = 23062
c/ 8/74/52 – 6/32/47 = 8 – 6 / 74 – 32 / 52 – 47 = 2 / 42 / 05 = 24205

Utilisez la méthode de découpage des nombres pour simplifier les soustractions sur de grands nombres.

Soustrayez les nombres à 10, 100, 1000 en un clin d'œil

Il existe une méthode infaillible pour effectuer des soustractions à partir de nombres tels que 10, 100, 1000, 10000, 100000 .... Vous pourrez défier vos amis en leur annonçant que vous êtes capable de donner le résultat de 1000000 − 652147 avant qu'eux-mêmes n'aient eu le temps de taper ce calcul sur une calculatrice. Alors comment réussir cet exploit ?

Illustration :

Nous allons donc nous intéresser à la soustraction suivante:

$$1000000$$
$$- \quad 652147$$

La technique consiste à regarder le nombre du bas (652147) et de déterminer pour chaque chiffre son complément à 9 et pour le dernier chiffre son complément à 10 :

Qu'est ce qu'un complément à 9 ?
C'est le chiffre à ajouter à un autre chiffre pour obtenir 9.

Par exemple, le complément à 9 de 7 est 2 (car 7+2=9) alors que le complément de 4 à 9 est 5 (car 4+5=9).

Qu'est ce qu'un complément à 10 ?
De la même façon, c'est le chiffre à ajouter à un autre chiffre pour obtenir 10.
Par exemple, le complément de 6 à 10 est 4 (car 6+4=10) alors que le complément de 2 à 10 est 8 (car 2+8=10).

Le nombre que nous avons à retrancher, dans notre exemple, est 652147
Complément à 9 de 6 → 3
Complément à 9 de 5 → 4
Complément à 9 de 2 → 7
Complément à 9 de 1 → 8
Complément à 9 de 4 → 5
Complément à 10 de 7 → 3

En mettant les chiffres bout à bout, cela donne 347853

Donc 1000000 − 652147 = 347853.

Remarque importante : le nombre du bas doit toujours avoir autant de chiffres qu'il y a de 0 dans le nombre du haut.

Calculons par exemple :

$$10000$$
$$-\quad\quad 89$$

Le nombre du haut possède 4 zéros alors que le nombre du bas ne possède que 4 chiffres. Dans le calcul, il faut donc rajouter 2 zéros au nombre du bas comme ci-dessous :

$$10000$$
$$-\quad 0089$$

Le nombre que nous avons à retrancher, dans notre exemple, est 0089
Complément à 9 de 0 → 9
Complément à 9 de 0 → 9
Complément à 9 de 8 → 1
Complément à 10 de 9 → 1
En mettant les chiffres bout à bout, cela donne 9911

Donc 10000 – 89 = 9911.

Exercices :

Effectuez les soustractions suivantes par la méthode de bases de 10 :

a/ 100000 - 52478
b/ 10000 - 1563

c/ 100000 - 247

Réponses :
a/ 100000 - 52478 = 47522
b/ 10000 - 1563 = 8437
c/ 100000 - 247 = 100000 - 00247 = 99753

Lorsque vous devez soustraire un nombre de 10, 100, 1000 ... (méthode des bases de 10) :

Assurez-vous que le nombre du bas a autant de chiffres que le nombre du haut a de 0,
Si tel n'est pas le cas, rajouter des 0 au nombre du bas,
Calculer le complément à 9 des chiffres composant le nombre du bas et le complément à 10 du dernier chiffre composant le nombre du bas.
Ces chiffres mis bout à bout donnent le résultat de la soustraction.

Déterminez le rendu de monnaie avant la caisse

Il existe un exercice que vous pourrez appliquer au quotidien pour stimuler votre cerveau à réaliser du calcul mental, il s'agit de déterminer quelle sera la monnaie que le commerçant va vous rendre lorsque vous faites vos courses et payez avec un billet de banque.

Maitriser cette technique de calcul, vous permettra de vous assurer qu'on vous a rendu la monnaie sans erreur. N'oubliez pas que les bons comptes font les bons amis !

Illustration :

Vous donnez un billet de 10 € pour régler un achat de 6,53 €.
Pour déterminer la monnaie rendue, vous effectuez ce calcul :

$$10,00$$
$$-\ \ 6,53$$

En appliquant la méthode des bases de 10 vue précédemment, on obtient : 3,47 €

Maintenant, vous donnez un billet de 20 € pour régler un achat de 12,54 €
Pour déterminer la monnaie rendue, vous effectuez ce calcul :

$$
\begin{array}{r}
20,00 \\
-\ 12,54
\end{array}
$$

Par rapport à la méthode des bases de 10, la variante consiste à traiter différemment le premier chiffre de chaque nombre :

Au premier chiffre du haut (2) on retranche le premier chiffre du bas (1) + 1 soit 2, ce qui donne 0

Puis on applique la méthode des bases de 10 aux autres chiffres du bas (2, 5 et 4) situés sous les 0 du nombre du haut, ce qui donne 746

On mettant les chiffres bout à bout, on obtient 07,46 soit 7,46 €

A présent, vous donnez un billet de 50 € pour régler un achat de 29,95 €

Pour déterminer la monnaie rendue, vous effectuez ce calcul :

$$50,00$$
$$-\ 29,95$$

Au premier chiffre du haut (5) on retranche le premier chiffre du bas (2) + 1 soit 3, ce qui donne 2

Puis on applique la méthode des bases de 10 aux autres chiffres du bas (9, 9 et 5) situés sous les 0 du nombre du haut, ce qui donne 005

On mettant les chiffres bout à bout, on obtient 20,05 soit 20,05 €

$$***$$

Enfin, vous donnez un billet de 200 € pour régler un achat de 78,32 €
Pour déterminer la monnaie rendue, vous effectuez ce calcul :

$$200,00$$
$$-\ 078,95$$

On s'aperçoit que le nombre du bas possède moins de chiffres (4) que dans le nombre du haut (5). On ajoute alors un 0 au nombre du bas.

Au premier chiffre du haut (2) on retranche le premier chiffre du bas (0) + 1 soit 1, ce qui donne 1

Puis on applique la méthode des bases de 10 aux autres chiffres du bas (7, 8, 9 et 5) situés sous les 0 du nombre du haut, ce qui donne 2105

On mettant les chiffres bout à bout, on obtient 121,05 soit 121,05 €

Exercices :

Déterminez la monnaie rendue dans chacun des cas :

a/ 10 – 3,69
b/ 50 – 25,44
c/ 200 – 24,72

Réponses :
a/ 6,31
b/ 24,56
c/ 175,28

Pour déterminer la monnaie rendue, effectuez la méthode des bases de 10 ou sa variante pour des multiples de 10 comme par exemple 20, 50 ou 200.

Vérifiez le résultat d'une soustraction

Tout comme pour l'addition, il est tout à fait possible d'utiliser la racine numérique pour vérifier le résultat d'une soustraction.

Illustration :

Précédemment nous avons calculé 845219 - 632587 = 212632

Calculons les racines numériques des nombres ci-dessus :
845219 : 8+4+5+2+1+9=29 → 2+9=11 → 1+1 = 2
632587 : 6+3+2+5+8+7=31 → 3+1=4
212632 : 2+1+2+6+3+2=16 → 1+6=7

L'opération que nous avons réalisée (845219 - 632587) est une soustraction.

Nous soustrayons donc la racine numérique de 845219 (qui est 2) et celle de 632587 (qui est 4), ce qui donne -2. Le résultat étant négatif, il faut lui ajouter 9 ce qui donne -2 + 9 = 7. Si le résultat est positif, il peut être immédiatement utilisé tel quel.

Nous vérifions que la racine numérique ainsi obtenue est égale à la racine numérique du résultat 212632 (qui est 7).

Si nous obtenons la même racine numérique, c'est que le calcul est probablement juste ; si ce n'est pas le cas, il est certain que le calcul est faux.

Exercices :

Déterminez, par la méthode de la racine numérique, si les calculs suivants sont faux :

a/ 658 - 312 = 346
b/ 3627 - 1265 = 2372
c/ 4797 - 524 = 4273

Réponses :
a/
Détermination des racines numériques :
658 : 6+5+8=19→1+9=10→1+0=1
312 : 3+1+2=6
346 : 3+4+6=13→1+3=4
Soustraction des racines numériques :
1-6=-5→chiffre négatif, on ajoute 9 → -5+9=4
Les racines numériques sont égales, le calcul est surement juste.

b/
Détermination des racines numériques :

3627 : 3+6+2+7=18→1+8=9
1265 : 1+2+6+5=14→1+4=5
2372 : 2+3+7+2=14→1+4=5
Soustraction des racines numériques :
9-5=4
Les racines numériques ne sont pas égales, le calcul est faux de façon certaine.

c/
Détermination des racines numériques :
4797 : 4+7+9+7=27→2+7=9
524 : 5+2+4=11→1+1=2
4273 : 4+2+7+3=16→1+6=7
Soustraction des racines numériques :
9-2=7
Les racines numériques sont égales, le calcul est surement juste.

Déterminez si le résultat d'une soustraction est faux en utilisant les racines numériques.

Techniques de multiplication

Les tables de multiplication, c'est tout ce qu'il faut

La première bonne nouvelle de ce chapitre est que vous n'avez besoin que d'un seul outil pour être en mesure de calculer le résultat de multiplications complexes. Cet outil de base se nomme « tables de multiplication ». C'est la seule connaissance qui vous est indispensable et sans laquelle vous ne pouvez pas espérer réaliser une multiplication. Le reste n'est qu'affaire de techniques et d'astuces qui vous seront enseignées dans les pages qui suivent.

Pour démarrer, je vous rappelle donc le b.a.-ba de la multiplication. Prenez tout le temps que vous souhaitez mais faites en sorte de connaître par cœur les tables qui suivent :

2 x 1 = 2	3 x 1 = 3	4 x 1 = 4	5 x 1 = 5	6 x 1 = 6
2 x 2 = 4	3 x 2 = 6	4 x 2 = 8	5 x 2 = 10	6 x 2 = 12
2 x 3 = 6	3 x 3 = 9	4 x 3 = 12	5 x 3 = 15	6 x 3 = 18
2 x 4 = 8	3 x 4 = 12	4 x 4 = 16	5 x 4 = 20	6 x 4 = 24
2 x 5 = 10	3 x 5 = 15	4 x 5 = 20	5 x 5 = 25	6 x 5 = 30
2 x 6 = 12	3 x 6 = 18	4 x 6 = 24	5 x 6 = 30	6 x 6 = 36
2 x 7 = 14	3 x 7 = 21	4 x 7 = 28	5 x 7 = 35	6 x 7 = 42
2 x 8 = 16	3 x 8 = 24	4 x 8 = 32	5 x 8 = 40	6 x 8 = 48
2 x 9 = 18	3 x 9 = 27	4 x 9 = 36	5 x 9 = 45	6 x 9 = 54
2 x 10 = 20	3 x 10 = 30	4 x 10 = 40	5 x 10 = 50	6 x 10 = 60

7 x 1 = 7	8 x 1 = 8	9 x 1 = 9	10 x 1 = 10
7 x 2 = 14	8 x 2 = 16	9 x 2 = 18	10 x 2 = 20
7 x 3 = 21	8 x 3 = 24	9 x 3 = 27	10 x 3 = 30
7 x 4 = 28	8 x 4 = 32	9 x 4 = 36	10 x 4 = 40
7 x 5 = 35	8 x 5 = 40	9 x 5 = 45	10 x 5 = 50
7 x 6 = 42	8 x 6 = 48	9 x 6 = 54	10 x 6 = 60
7 x 7 = 49	8 x 7 = 56	9 x 7 = 63	10 x 7 = 70
7 x 8 = 56	8 x 8 = 64	9 x 8 = 72	10 x 8 = 80
7 x 9 = 63	8 x 9 = 72	9 x 9 = 81	10 x 9 = 90
7 x 10 = 70	8 x 10 = 80	9 x 10 = 90	10 x 10 = 100

Multipliez par 2, 4 et 8 avant la calculatrice

Multiplier par 2 est facile à faire et peut être utilisé pour réaliser rapidement de simples calculs. Ainsi 26 x 2 revient à calculer 26 + 26 soit 52.

Grâce à la multiplication par 2, on peut très facilement multiplier par 4 et par 8. En effet, il suffit de remarquer que :

Multiplier par 4 revient à multiplier deux fois de suite par 2,
Multiplier par 8 revient à multiplier trois fois de suite par 2.

Ainsi 24 x 4 = 24 x 2 x 2 = 48 x 2 = 96

Et 13 x 8 = 13 x 2 x 2 x 2 = 26 x 2 x 2 = 52 x 2 = 104.

Exercices :

Effectuez les multiplications suivantes :

a/ 21 x 4
b/ 17 x 8
c/ 54 x 4

Multiplier par 2 est une opération facile à réaliser.
Multiplier par 4 revient à multiplier deux fois de suite par 2,
Multiplier par 8 revient à multiplier trois fois de suite par 2.

Multipliez par 5, 25 et 50 avant la calculatrice

Lors de l'étude des techniques d'additions, nous avons vu qu'il existait une méthode qui permettait de considérablement simplifier le calcul et qui consistait à faire apparaître des 0 dans l'opération. Dans le cas d'une multiplication, il est facile de faire apparaître des 0 lorsqu'on multiplie 2 x 5 puisque le résultat est 10.

En gardant cela en mémoire, il devient très simple de réaliser des multiplications par 5, par 50 et même par 25.

En effet,

Pour multiplier par 5, commencez par multiplier par 10 puis divisez par 2,
Pour multiplier par 50, commencez par multiplier par 100 puis divisez par 2,
Pour multiplier par 25, commencez par multiplier par 100 puis divisez deux fois de suite par 2.

Illustration :

Nous devons calculer 18 x 5
Commençons par calculer 18 x 10 = 180

Puis nous calculons 180 / 2 = 90
Donc 18 x 5 = 90

Calculons 6,2 x 50
Commençons par calculer 6,2 x 100 = 620
Puis nous calculons 620 / 2 = 310

Calculons 246 x 25
Commençons par calculer 246 x 100 = 24600
Puis nous calculons 24600 / 2 = 12300
Puis à nouveau 12300 / 2 = 6150

Exercices :

Effectuez les multiplications suivantes :

a/ 22 x 5
b/ 16 x 50
c/ 1,4 x 25

Réponses :
a/ 110
b/ 800
c/ 35

Multiplier par 5 revient à multiplier par 10 puis diviser par 2,

Multiplier par 50 revient à multiplier par 100 puis diviser par 2,
Multiplier par 25 revient à multiplier par 100 puis diviser 2 fois de suite par 2.

Multipliez par 11 plus vite que quiconque

Il y a un chiffre que vous allez aimer lorsqu'il s'agira de réaliser des multiplications. Il s'agit du chiffre 11. Aujourd'hui beaucoup de personnes frémissent à l'idée d'effectuer, qui plus est de tête, une multiplication comportant le chiffre 11. Pour ma part, c'est le type de situation que je préfère. Vous allez bientôt pouvoir défier vos amis en pariant que vous êtes capable d'effectuer mentalement une multiplication par 11 bien plus rapidement qu'eux …

Pour les nombres compris entre 1 et 9, cela est simplissime, puisque la multiplication par 11 consiste à doubler le chiffre que l'on multiplie, ainsi :

1 x 11 = 11 (on double le 1)
2 x 11 = 22 (on double le 2)
3 x 11 = 33 (on double le 3)
Et on continue de la sorte jusqu'à 9 x 11 = 99

Néanmoins, qu'en est-il lorsque l'on doit multiplier par 11 des nombres moins amicaux comme 0,63 ou 321 ?

___

Illustration :

Aujourd'hui vous arrivez dans votre bureau de poste et vous souhaitez acheter des timbres. Chaque timbre a une valeur faciale de 0,63 € et vous avez besoin de 11 timbres. Quelle monnaie devez-vous préparer ?

Nous allons calculer le prix à payer pour ces timbres. Un timbre coûte 0,63 € donc 11 timbres coûtent 11 x 0,63 :

Nous considérons que 0,63 € est équivalent à 63 centimes. Nous calculons donc 63 x 11.

Pour ce faire, on commence par encadrer 63 par des 0 ce qui donne :
063**0**

Ensuite en partant de la droite, on additionne les chiffres 2 à 2 ce qui donne :

0 + 3 = 3
3 + 6 = 9
6 + 0 = 6

Et on met les chiffres obtenus bout à bout soit 693. Donc 63 x 11 = 693.

Pour obtenir le résultat de 0,63 x 11 on divise le résultat obtenu précédemment par 100 ce qui donne 6,93.

Donc 11 timbres à 0,63 € vous coûteront 6,93 €.

***

Calculons 58 x 11

On écrit mentalement 0580 et on additionne les chiffres 2 à 2 en partant de la droite :

0 + 8 = 8
8 + 5 = **1**3, on conserve le 3 et le **1** sera rajouté au calcul suivant
5 + 0 = 5 auquel on ajoute le **1** du calcul précédent, soit 6.

On déduit donc que 58 x 11 = 638

***

Cela fonctionne sur un chiffre plus grand encore. **Calculons 6239 x 11**

On écrit mentalement 062390 et on additionne les chiffres 2 à 2 en partant de la droite :

$0 + 9 = 9$

$9 + 3 = \underline{1}2$, on conserve le 2 et le $\underline{1}$ sera rajouté au calcul suivant

$3 + 2 = 5$ auquel on ajoute le $\underline{1}$ du calcul précédent, soit 6

$2 + 6 = 8$

$6 + 0 = 6$

On déduit donc que $6239 \times 11 = 68629$

Exercices :

Effectuez les multiplications suivantes :

a/ 22 x 11
b/ 685 x 11
c/ 56 x 11

Réponses :
a/ 242
b/ 7535
c/ 616

Pour multiplier par 11,
Encadrez mentalement votre nombre par des 0,
Additionnez les chiffres 2 à 2 en partant de la droite,
Mettez les chiffres obtenus bout à bout pour former le résultat.

Multipliez de gauche à droite

Lorsqu'il s'agit d'effectuer un calcul mental, multiplier de gauche à droite plutôt que de droite à gauche, comme enseigné à l'école pour réaliser une multiplication par écrit, permet de faciliter le calcul en donnant, dès le départ, une bonne estimation du résultat du calcul.

*** Illustration : ***

Nous devons calculer 241 x 4

En commençant depuis la gauche, nous avons :

2 x 4 = 8
4 x 4 = __1__6, on conserve le 6 et le __1__ est rajouté au calcul précédent (le 8 devient donc 9)
1 x 4 = 4

Dès le premier calcul, on sait que la réponse se situera dans les 800 ou 900. Puis on affine le calcul au fur et à mesure pour en déduire que 241 x 4 = 964.

*** *** ***

Calculons 745 x 3

En commençant depuis la gauche, nous avons :

7 x 3 = 21
4 x 3 = **1**2, on conserve le 2 et le **1** est rajouté au calcul précédent (21 devient donc 22)
5 x 3 = **1**5, on conserve le 5 et le **1** est rajouté au calcul précédent (2 devient donc 3)

On déduit que 745 x 3 = 2235.

Exercices :

Effectuez les multiplications suivantes de la gauche vers la droite :

a/ 431 x 3
b/ 124 x 6
c/ 12432 x 2

Réponses :
a/ 1293
b/ 744
c/ 24864

Effectuer une multiplication de gauche à droite, permet dès le départ d'estimer l'ordre de grandeur du résultat et peut simplifier le calcul.

Multiplication à 3 chiffres par nombres proches

Qu'ont en commun les multiplications suivantes : 24 x 22, 16 x 12, 56 x 52, 78 x 73, 91 x 95 ?

Toutes ces opérations présentent la particularité de multiplier deux nombres à 2 chiffres qui commencent par le même premier chiffre : 24 et 22 commencent par 2, 16 et 12 commencent par 1, 56 et 52 commencent par 5, 78 et 73 commencent par 7, enfin 91 et 95 commencent par 9.

Si vous parvenez à identifier ces situations, vous vous mettrez en position de force pour réaliser ces opérations mentalement car il existe une technique de calcul dite de multiplication par nombres proches.

Illustration :

Calculons 24 x 22

On remarque que ces 2 nombres sont proches de 20, en effet :
24 = 20 + 4
22 = 20 + 2

A 24 on rajoute le **2** issu de 22 = 20 + **2** ce qui donne 26
(ou bien à 22 on rajoute le **4** issu de 24 = 20 + **4** ce qui donne aussi 26)
On multiplie ce résultat 26 par le nombre proche, soit 20 :
26 x 20 = 520

On multiplie entre eux les écarts à 20 de 24 et 22 soit 4 x 2 = 8
On ajoute ce résultat au résultat précédent : 520 + 8 = 528

On déduit que 24 x 22 = 528

✳✳✳

Calculons 56 x 52

On remarque que ces 2 nombres sont proches de 50, en effet :
56 = 50 + 6
52 = 50 + 2

A 56 on rajoute le **2** issu de 52 = 50 + **2** ce qui donne 58
(ou bien à 52 on rajoute le **6** issu de 56 = 50 + **6** ce qui donne aussi 58)
On multiplie ce résultat 58 par le nombre proche, soit 50 :

On a vu que pour multiplier par 50, il était plus simple de multiplier par 100 puis de diviser par 2 :
58 x 100 = 5800 et 5800 / 2 = 2900
donc 58 x 50 = 2900

On multiplie entre eux les écarts à 50 de 56 et 52 soit 6 x 2 = 12
On ajoute ce résultat au résultat précédent : 2900 + 12 = 2912

On déduit que 56 x 52 = 2912

***

On peut étendre la méthode à des nombres plus grands, calculons 232 x 211

On remarque que ces 2 nombres sont proches de 200, en effet :
232 = 200 + 32
211 = 200 + 11

A 232 on rajoute le **11** issu de 211 = 200 + **11** ce qui donne 243
(ou bien à 211 on rajoute le **32** issu de 232 = 200 + **32** ce qui donne aussi 243)
On multiplie ce résultat 243 par le nombre proche, soit 200 :

On a vu que pour multiplier par 200, il était plus simple de multiplier par 100 puis de multiplier par 2 :
243 x 100 = 24300 et 24300 x 2 = 48600 donc 243 x 200 = 48600

On multiplie entre eux les écarts à 200 de 232 et 211 soit 32 x 11 = 352 (avec la méthode de multiplication par 11 vue précédemment).
On ajoute ce résultat au résultat précédent : 48600 + 352 = 48952

On déduit que 232 x 211 = 48952

Exercices :

Effectuez les multiplications suivantes par la méthode des nombres proches :

a/ 43 x 45
b/ 66 x 64
c/ 332 x 306

Réponses :
a/ 1935
b/ 4224
c/ 101592

La méthode de multiplication par les nombres proches est possible lorsque l'on multiplie entre eux deux nombres de même longueur et qui ont le même premier chiffre.

Multiplication par décomposition : simplifiez le calcul

Lorsque l'on doit résoudre une multiplication, le premier réflexe à adopter est de chercher un moyen de simplifier le calcul à réaliser. Nous avons vu précédemment des méthodes très puissantes qui permettaient simplement de réaliser des calculs complexes. Ainsi multiplier par 2, par 4, par 8, par 5, par 25, par 50 et même par 11 peut se faire beaucoup plus simplement que tout autre type de calcul.

C'est pourquoi, la méthode par décomposition va s'attacher à modifier l'opération donnée pour y faire apparaître des chiffres à partir desquels on possède une astuce pour multiplier plus facilement.

Illustration :

Face à une multiplication donnée, la première étape consiste à définir quel(s) nombre(s) nous allons y faire apparaître pour simplifier le calcul :

On pourra essayer d'y faire apparaître un 2, un 4, un 8, un 5, un 25, un 50, un 11 voire deux nombres proches.

Calculons par exemple 32 x 22

Nous pouvons remarquer ici que 22 = 11 x 2, nous pouvons donc faire apparaître deux nombres amis qui sont 11 et 2 !

Donc 32 x 22 = 32 x 11 x 2
Par la méthode vue précédemment, 32 x 11 = 352
Et 352 x 2 = 704
Donc 32 x 22 = 704

***

Calculons 16 x 4,5

Nous pouvons remarquer que 16 = 8 x 2
Donc 16 x 4,5 = 8 x 2 x 4,5 = 8 x 9 = 72

***

Calculons 13 x 150

Nous pouvons remarquer ici que 150 = 50 x 3, nous pouvons donc faire apparaître un nombre ami qui est 50 !

Donc 13 x 150 = 13 x 3 x 50 = 39 x 50

Par la méthode vue précédemment, multiplier par 50 revient à multiplier par 100 puis diviser par 2 :
39 x 100 = 3900
Et 3900 / 2 = 1950
Donc 13 x 150 = 1950

$$***$$

Calculons 66 x 32

Nous pouvons remarquer ici que 66 = 33 x 2, nous pouvons donc faire apparaître un nombre ami qui est 2 mais surtout nous avons deux nombres proches qui sont 33 et 32

Donc 66 x 32 = 2 x 33 x 32
Par la méthode des nombres proches, on peut calculer 33 x 32 :

On remarque que ces 2 nombres sont proches de 30, en effet :
33 = 30 + 3
32 = 30 + 2

*A 33 on rajoute le **2** issu de 32 = 30 + **2** ce qui donne 35*
*(ou bien à 32 on rajoute le **3** issu de 33 = 30 + **3** ce qui donne aussi 35)*
On multiplie ce résultat 35 par le nombre proche, soit 30 :

35 x 30 = 1050

On multiplie entre eux les derniers chiffres de 33 et 32 soit 3 x 2 = 6
On ajoute ce résultat au résultat précédent : 1050 + 6 = 1056

On déduit que 33 x 32 = 1056

Donc 66 x 32 = 2 x 1056 = 2112

Exercices :

Effectuez les multiplications suivantes en décomposant les nombres :

a/ 66 x 15
b/ 126 x 61
c/ 75 x 52

Réponses :
a/ 66x15 = 11x6x15 = 11x90 (méthode de multiplication par 11) → 990
b/ 126x61 = 2x63x61 (méthode des nombres proches) → = 7686
c/ 75x52 = 3x25x52 (méthode de multiplication par 25) → 3900

Pour simplifier une multiplication, essayer d'y faire apparaître des nombres permettant d'appliquer une méthode de calcul :
Multiplication par 2, 4 ou 8,
Multiplication par 5, 25 ou 50,
Multiplication par 11,
Multiplication par nombres proches.

Réduisez les nombres pour faire une multiplication

Lorsque vous ne parvenez pas à appliquer la technique précédente consistant à faire apparaître dans le calcul des nombres pour lesquels vous disposez d'une astuce de calcul, il peut être salvateur de tenter la méthode de réduction.

Illustration :

Essayons de calculer mentalement 53 x 89

Difficile dans cet exemple de décomposer le calcul pour y faire apparaître un 2, 4, 8, 11, 5, 25 ou 50.
Difficile aussi de faire apparaître des nombres proches.

Par contre, on peut constater que 89 = 90 – 1 et qu'il est plus simple de multiplier mentalement un nombre par 90 que par 89.

Donc 53 x 89 = 53 x (90 – 1) = 53 x 90 – 53 x 1 = 4770 – 53 = 4717

***

De la même façon, nous pouvons calculer 41 x 17

En constatant que 41 = 40 + 1, on peut écrire que 41 x 17 = (40 + 1) x 17 = 40 x 17 + 1 x 17 = 680 + 17 = 697

Exercices :

Effectuez les multiplications suivantes en réduisant les nombres :

a/ 62 x 35
b/ 48 x 15
c/ 23 x 34

Réponses :
a/ 62x35=(60+2)x35=60x35+2x35=2100+70=2170
b/ 48x15=(50-2)x15=50x15-2x15=750-30=720
c/ 23x34=(20+3)x34=20x34+3x34=680+102=782

Pour simplifier une multiplication, si les méthodes de décomposition échouent, on pourra tenter d'appliquer la méthode de réduction.

Découpez les nombres pour faire une multiplication

Comme nous l'avons vu précédemment pour les additions et les soustractions, découper les nombres constituant une multiplication peut s'avérer être une méthode très efficace en vue de simplifier le calcul. Cette technique est particulièrement adaptée lorsque l'on multiplie un grand nombre par un petit nombre.

Illustration :

Essayons de calculer mentalement 12331528 x 3

Ce type de calcul peut être résolu par la méthode de multiplication de gauche à droite que nous avons vue précédemment. Pour autant, certaines étapes de multiplication dans cette opération vont faire apparaître des retenues (par ex. 5 x 3 puis 8 x 3) qui vont rendre le calcul mental plus délicat sur un si grand nombre.

La méthode préconisée ici est de découper le plus grand nombre en nombres plus petits de un ou deux chiffres seulement. *Le découpage devra être judicieux afin de limiter au maximum les multiplications faisant apparaître une retenue.*

Dans notre exemple, nous pourrons ainsi effectuer le découpage suivant :

12331528 x 3 = 12//33//15//28 x 3 et effectuer les multiplications suivantes :
12 x 3 = 36
33 x 3 = 99
15 x 3 = 45
28 x 3 = 84

En mettant ces résultats bout à bout, nous obtenons 12331528 x 3 = 36994584.

***

De la même façon, nous pouvons calculer 211523 x 4

En effectuant le découpage 21//15//23 x 4 = 84//60//92 d'où nous déduisons que 211523 x 4 = 846092

Exercices :

Effectuez les multiplications suivantes en découpant les nombres :

a/ 19241 x 4
b/ 181217 x 5
c/ 342514 x 3

Réponses :
a/ 19241 x 4 = 19//24//1 x 4 = 76//96//4 = 76964
b/ 181217 x 5 = 18//12//17 x 5 = 90//60//85 = 906085
c/ 342514 x 3 = 34//25//14 x 3 = 102//75//42 = 1027542

Pour résoudre une multiplication impliquant un grand nombre et un petit nombre, nous pouvons découper judicieusement le grand nombre afin de simplifier le calcul.

Multipliez de tête de très grands nombres : c'est possible

La méthode de découpage précédente donne de très bons résultats lors d'une multiplication d'un grand nombre par un petit nombre, bien souvent limité à un chiffre. Cela dit, après avoir épaté vos amis sur quelques calculs de ce type, ces derniers vous mettront bien souvent au défi de réaliser mentalement des calculs en apparence bien plus compliqués.

Comment réagirez-vous lorsque le plus taquin d'entre eux vous proposera de réaliser mentalement un calcul du type 121423 x 100002 ?

Rassurez-vous, en appliquant pas à pas la méthode que je vais vous enseigner et avec un peu de pratique, vous parviendrez très vite à réaliser la prouesse de donner de tête le résultat de ce calcul !

Illustration :

Pour illustrer la méthode, nous allons démarrer à partir d'un exemple plus modeste.

Essayons de donner mentalement le résultat de 768 x 997

Inspirons nous de la méthode des nombres proches pour dire que :
768 est proche de 1000 car 768 = 1000 – 232
997 est proche de 1000 car 997 = 1000 – 3

A 768 on retranche le **3** issu de 997 = 1000 - **3** ce qui donne 765
(ou bien à 997 on retranche le **232** issu de 768 = 1000 - **232** ce qui donne aussi 765 même si c'est plus compliqué à calculer)
On multiplie ce résultat 765 par le nombre proche, soit 1000 :
765 x 1000 = 765000

On multiplie entre eux les écarts à 1000 de 768 et 997 soit 232 x 3 = 696
On ajoute ce résultat au résultat précédent : 765000 + 696 = 765696

On déduit que 768 x 997 = 765696

Remarquez qu'il suffit en fait d'accoler le 1er résultat trouvé, 765, au 2nd résultat trouvé, 696, pour obtenir le résultat final 765696.

***

De la même façon, nous pouvons calculer *121423 x 100002*

Inspirons nous de la méthode des nombres proches pour dire que :
121423 est proche de 100000 car 121423 = 100000 + 21423
100002 est proche de 100000 car 100002 = 100000 + 2

*A 121423 on ajoute le **2** issu de 100002 = 100000 + **2** ce qui donne 121425*
*(ou bien à 100002 on ajoute le **21423** issu de 121423 = 100000 + **21423** ce qui donne aussi 121425 même si c'est plus compliqué à calculer)*
On multiplie ce résultat 121425 par le nombre proche, soit 100000 :
121425 x 100000 = 12142500000

On multiplie entre eux les écarts à 100000 de 121423 et 100002 soit 21423 x 2 = 42846
On ajoute ce résultat au résultat précédent : 12142500000 + 42846 = 12142542846

On déduit que 121423 x 100002 = 12142542846

Remarquez qu'il suffit en fait d'accoler le 1er résultat trouvé, 121425, au 2nd résultat trouvé, 42846, pour obtenir le résultat final 12142542846.

Exercices :

Effectuez les multiplications suivantes par la méthode des grands nombres :

a/ 1123 x 1002
b/ 886 x 998
c/ 8952 x 9995

Réponses :
a/ 1125246
b/ 884228
c/ 89475240

Les exemples ci-dessus ont tous un point commun, les calculs qu'ils font apparaître n'impliquent que des nombres qui possèdent autant de chiffres l'un que l'autre. Nous avons ainsi calculé une multiplication avec deux nombres à 3 chiffres puis une multiplication avec deux nombres à 6 chiffres. Ceci implique que le nombre proche utilisé est le même pour les deux nombres du calcul : ainsi pour 768 x

997 le nombre proche est 1000, pour 121423 x 100002 le nombre proche est 100000. Pour autant, il est intéressant de pouvoir résoudre des multiplications du type 9997 x 96 c'est à dire qui impliquent deux nombres qui ne possèdent pas autant de chiffres l'un que l'autre.

La méthode pour résoudre ce type de multiplication est un peu plus compliquée mais est assimilable facilement avec un peu de pratique.

Illustration :

Essayons de donner mentalement le résultat de 9997 x 96

Inspirons nous de la méthode des nombres proches pour dire que :
9997 est proche de 10000 car 9997 = 10000 – 3
96 est proche de 100 car 96 = 100 – 4

Mentalement présentons le calcul comme suit :

Nombres multipliés entre eux	Ecart par rapport au nombre proche
9997	- 03
96	- 04

On part du plus grand nombre (9997) auquel on retranche le **4** issu de 96 = 100 – **4**.

La subtilité consiste à constater que, dans le tableau, le nombre 96 est aligné avec le 99 de 9997. Cela signifie que le 4 doit être retranché au 99 de 9997 et non au 7 de 9997.

On obtient donc le nombre 9**5**97.

Ensuite, on multiplie entre eux les écarts par rapports aux nombres proches soit 03 x 04 = 12

On met bout à bout les résultats obtenus ce qui donne 9997 x 96 = 959712.

$$***$$

Essayons de donner mentalement le résultat de 10121 x 1003

Inspirons nous de la méthode des nombres proches pour dire que :
10121 est proche de 10000 car 10121 = 10000 + 121

1003 est proche de 1000 car 10003 = 1000 + 3

Mentalement présentons le calcul comme suit :

Nombres multipliés entre eux	Ecart par rapport au nombre proche
10121	+ 121
1003	+ 003

*On part du plus grand nombre (10121) auquel on ajoute le **3** issu de 1003 = 1000 + **3**.*

La subtilité consiste à constater que, dans le tableau, le nombre 1003 est aligné avec le 1012 de 10121. Cela signifie que le 3 doit être ajouté au 1012 de 10121 et non à 10121.

*On obtient donc le nombre 101**5**1.*

Ensuite, on multiplie entre eux les écarts par rapports aux nombres proches soit 121 x 003 = 363

On met bout à bout les résultats obtenus ce qui donne 10121 x 1003 = 10151363.

Pour résoudre une multiplication impliquant deux grands nombres on pourra s'inspirer de la méthode des nombres proches de 1 000, 10 000 ou 100 000.

Estimez instantanément le résultat d'une multiplication

Parfois, vous n'aurez besoin de trouver que le premier chiffre d'un résultat, et le nombre de zéros qui le suivent, et non pas tous les chiffres significatifs du résultat.

Il existe une méthode simple qui vous permettra de déterminer en un clin d'œil un ordre de grandeur du résultat d'une multiplication.

Illustration :

Essayons de donner mentalement un ordre de grandeur de 32 x 51

Mentalement on pourra se représenter que :
32 est proche de 30,
51 est proche de 50

Notre calcul donnera un résultat proche de celui-ci 30 x 50 = 1500.

En réalité 32 x 51 = 1632.

***

Essayons de donner mentalement un ordre de grandeur de 496 x 42

Mentalement on pourra se représenter que :
496 est proche de 500,
42 est proche de 40

Notre calcul donnera un résultat proche de celui-ci 500 x 40 = 20000.

En réalité 496 x 42 = 20832.

Exercices :

Donnez une estimation de l'ordre de grandeur du résultat des multiplications suivantes :

a/ 1523 x 197
b/ 691 x 812
c/ 10320 x 298

Réponses :
a/ 1500 x 200 = 300000
b/ 700 x 800 = 560000
c/ 10000 x 300 = 3000000

Arrondir les deux nombres d'une multiplication à des nombres proches permet d'obtenir facilement un ordre de grandeur du résultat de cette opération.

Vérifiez le résultat d'une multiplication

Tout comme pour l'addition et la soustraction, il est tout à fait possible d'utiliser la racine numérique pour vérifier le résultat d'une multiplication.

Illustration :

Précédemment nous avons calculé 121423 x 100002 = 12142542846

Calculons les racines numériques des nombres ci-dessus :
121423 = 1+2+1+4+2+3 = 13 → 1+3 = 4
100002 = 1+0+0+0+0+2 = 3
12142542846 = 1+2+1+4+2+5+4+2+8+4+6 = 39 → 3+9 = 12 → 1+2 = 3

L'opération que nous avons réalisée (121423 x 100002) est une multiplication.

Nous multiplions donc la racine numérique de 121423 (qui est 4) et celle de 100002 (qui est 3), ce qui donne 12. La racine numérique de 12 est 1+2 = 3.

Nous vérifions que la racine numérique ainsi obtenue est égale à la racine numérique du résultat 12142542846 (qui est 3).

Si nous obtenons la même racine numérique, c'est que le calcul est probablement juste ; si ce n'est pas le cas, il est certain que le calcul est faux.

Exercices :

Déterminez, par la méthode de la racine numérique, si les calculs suivants sont faux :

a/ 125 x 341 = 42625
b/ 97 x 651 = 63147
c/ 1024 x 422 = 432228

Réponses :
a/
Détermination des racines numériques :
125 : 1+2+5=8
341 : 3+4+1=8
426256 : 4+2+6+2+5=19→1+9=10→1+0=1
Multiplication des racines numériques :
8x8=64→6+4=10→1+0=1
Les racines numériques sont égales, le calcul est surement juste.

b/
Détermination des racines numériques :

97 : 9+7=16→1+6=7
651 : 6+5+1=12→1+2=3
63147 : 6+3+1+4+7=21→2+1=3
Multiplication des racines numériques :
7x3=21→2+1=3
Les racines numériques sont égales, le calcul est surement juste.

c/
Détermination des racines numériques :
1024 : 1+0+2+4=7
422 : 4+2+2=8
43228 : 4+3+2+2+8=19→1+9=10→1+0=1
Multiplication des racines numériques :
7x8=56→5+6=11→1+1=2
Les racines numériques ne sont pas égales, le calcul est faux de façon certaine.

Déterminez si le résultat d'une multiplication est faux en utilisant les racines numériques.

Résumé des techniques de multiplication

Nous avons vu que les techniques et astuces pour effectuer mentalement des multiplications sont nombreuses. Dans les premiers temps, vous vous sentirez vraisemblablement perdu pour choisir la technique qui vous permettra de résoudre le plus simplement le calcul proposé.

Je vous propose de vous remémorer les différentes méthodes que nous avons découvertes ensemble avec leurs principales caractéristiques :

Multiplication par 2, 4, 8 :
Cette technique permet de multiplier très simplement un nombre par 4 et par 8.

Multiplication par 5, 25 et 50 :
Cette technique permet d'effectuer très simplement une multiplication dans laquelle apparaît l'un des nombres 5, 25 ou 50.

Multiplication par 11 :
Cette technique permet de multiplier un nombre par 11 en un clin d'œil.

Multiplication par nombres proches :

Cette technique permet de multiplier entre eux des nombres de 2 ou 3 chiffres qui possèdent le même 1er chiffre.

Multiplication par décomposition :

Cette technique consiste à simplifier une multiplication en y faisant apparaître des nombres qui permettent d'appliquer l'une des méthodes ci-dessus.

Multiplication par réduction :

Dans le cas de multiplications entre eux de nombres à 2 chiffres, cette technique peut être appliquée en cas de difficulté à utiliser la méthode par décomposition. La méthode par réduction vise à faire apparaître dans le calcul, un nombre multiple de 10 (10, 20, 30, 40 ...., 90) avec lequel il est plus facile d'effectuer une multiplication mentalement.

Multiplication par découpage :

Cette technique est particulièrement adaptée aux multiplications entre un grand nombre et un nombre à un seul chiffre. Elle vise à découper le grand nombre par paquets de plus petits nombres qu'il est facile de multiplier.

Multiplication de très grands nombres :

Cette technique est très efficace pour résoudre des multiplications impliquant de grands nombres. Elle est basée sur la méthode des nombres proches de 1000, 10000 et 100000.

91

Afin de vous aider à mettre en œuvre ces techniques, je vous propose quelques exemples ci-dessous qui vous permettront de comprendre la démarche à utiliser afin de déterminer quelle est la technique la plus efficace pour résoudre le calcul qui est proposé. En pratiquant régulièrement sur des cas concrets, ce processus deviendra automatique et vous serez très rapidement capable de sélectionner la méthode la plus pertinente, de façon intuitive, en observant les nombres qui composent le calcul.

Illustration :

Calculer 532 x 3

3 ne fait pas partie des nombres avec lesquels il existe une astuce particulière de multiplication → élimination des méthodes astucieuses.
532 ne peut pas être facilement décomposé pour faire apparaître des nombres amis ou des nombres proches → élimination des méthodes de décomposition.
532 x 3 n'est pas une multiplication de grands nombres → élimination des méthodes de nombres proches.

532 x 3 est une multiplication d'un grand nombre par un nombre à un seul chiffre → utilisation de la méthode par découpage.

Nous pouvons écrire 532 x 3 = 5//3//2 x 3 = 5x3 // 3x3 // 2x3
Donc 532 x 3 = 15 // 9 // 6 soit 1596.

$$***$$

Calculer 63 x 4

4 fait partie des nombres avec lesquels il existe une astuce particulière de multiplication → utilisation de la méthode de multiplication par 4.

Multiplier par 4 revient à multiplier deux fois de suite par 2.

Donc 63 x 2 = 126 et 126 x 2 = 252
Donc 63 x 4 = 252.

$$***$$

Calculer 75 x 6

6 ne fait pas partie des nombres avec lesquels il existe une astuce particulière de multiplication → élimination des méthodes astucieuses.

75 peut pas être facilement décomposé pour faire apparaître des nombres amis ou des nombres proches → utilisation de la méthode de décomposition.

Il suffit de remarquer que 75 = 25 x 3.

Donc 75 x 6 = 25 x 3 x 6 = 25 x 18

Pour multiplier par 25, nous avons appris qu'il suffisait de multiplier par 100 puis de diviser par 2 deux fois de suite ce qui donne successivement :

18 x 100 = 1800
1800 / 2 = 900
900 / 2 = 450

Donc 75 x 6 = 450.

$$***$$

Calculer 126 x 62

Aucun nombre ne fait partie de ceux avec lesquels il existe une astuce particulière de multiplication → élimination des méthodes astucieuses.
126 peut être facilement décomposé pour faire apparaître des nombres amis ou des nombres proches → utilisation de la méthode de décomposition.

Il suffit de remarquer que 126 = 2 x 63.

Donc 126 x 62 = 2 x 63 x 62

Nous constatons que 63 et 62 sont des nombres proches possédant le même premier chiffre.

Nous pouvons donc utiliser la méthode des nombres proches pour calculer 63 x 62 :

On remarque que ces 2 nombres sont proches de 60, en effet :
63 = 60 + 3
62 = 60 + 2

*A 63 on rajoute le **2** issu de 62 = 60 + **2** ce qui donne 65*
*(ou bien à 62 on rajoute le **3** issu de 63 = 60 + **3** ce qui donne aussi 65)*
On multiplie ce résultat 65 par le nombre proche, soit 60 :
65 x 60 = 3900

On multiplie entre eux les derniers chiffres de 63 et 62 soit 3 x 2 = 6
On ajoute ce résultat au résultat précédent : 3900 + 6 = 3906

On déduit que 63 x 62 = 3906

Donc 126 x 62 = 2 x 3906 = 7812.

***

Calculer 123 x 104

Aucun nombre ne fait partie des nombres avec lesquels il existe une astuce particulière de multiplication → élimination des méthodes astucieuses.
Aucun nombre ne peut être facilement décomposé pour faire apparaître des nombres amis ou des nombres proches → élimination des méthodes de décomposition.
123 x 104 est une multiplication de grands nombres → utilisation de la méthode de nombres proches.

123 est proche de 100 car 123 = 100 + 23
104 est proche de 100 car 104 = 100 + 4

*A 123 on ajoute le **4** issu de 104 = 100 + **4** ce qui donne 127*
*(ou bien à 104 on ajoute le **23** issu de 123 = 100 + **23** ce qui donne aussi 127)*
On multiplie ce résultat 127 par le nombre proche, soit 100 :
127 x 100 = 12700

On multiplie entre eux les écarts à 100 de 123 et 104 soit 23 x 4 = 92

On ajoute ce résultat au résultat précédent : 12700 + 92 = 12792

On déduit que 123 x 104 = 12792

Remarquez qu'il suffit en fait d'accoler le 1er résultat trouvé, 127, au 2nd résultat trouvé, 92, pour obtenir le résultat final 12792.

***

Calculer 998 x 97

Aucun nombre ne fait partie des nombres avec lesquels il existe une astuce particulière de multiplication → élimination des méthodes astucieuses.

Aucun nombre ne peut être facilement décomposé pour faire apparaître des nombres amis ou des nombres proches → élimination des méthodes de décomposition.

998 x 97 est une multiplication de grands nombres → utilisation de la méthode de nombres proches.

998 est proche de 1000 car 998 = 1000 – 2

97 est proche de 100 car 97 = 100 – 3

Mentalement présentons le calcul comme suit :

Nombres multipliés entre eux	Ecart par rapport au nombre proche
998	- 02
97	- 03

*On part du plus grand nombre (998) auquel on retranche le **3** issu de 97 = 100 − **3**.*

*La subtilité consiste à constater que, dans le tableau, le nombre 97 est aligné avec le 99 de 998. Cela signifie que le **3** doit être retranché au 99 de 998 et non à 998.*

*On obtient donc le nombre 9**6**8.*

Ensuite, on multiplie entre eux les écarts par rapports aux nombres proches soit 02 x 03 = 06

On met bout à bout les résultats obtenus ce qui donne 998 x 97 = 96806.

Exercices :

Déterminez la méthode à utiliser puis effectuez les calculs suivants :

a/ 226 x 50
b/ 21 x 534
c/ 151 x 55
d/ 42 x 42
e/ 1121 x 1005

Réponses :
a/ multiplication par 50 → 11300
b/ réduction : 21 x 534 = 20 x 534 + 1 x 534 = 11214
c/ décomposition (55 = 11 x 5) puis multiplication par 11 et par 5 → 8305
d/ multiplication par nombres proches ayant le même 1er chiffre → 1764
e/ multiplication de très grands nombres → 1126605

Techniques de division

La division est une opération qui vous sera très utile dans toutes les situations où vous aurez à faire un partage. Cette opération intéressera l'enfant qui collectionne les cartes Pokémon et qui veut partager 26 cartes entre 4 de ses amis mais aussi la maman qui souhaitera partager 75 bonbons entre ses 3 enfants. Selon les quantités à partager, le calcul sera plus ou moins aisé. L'objet du présent chapitre est de vous permettre de réaliser mentalement la plupart des divisions auxquelles vous serez confronté dans votre quotidien mais aussi, si vous le désirez, de réaliser des divisions complexes en un clin d'œil pour impressionner votre entourage.

Ce nombre peut-il être divisé ? Critères de divisibilité

Dans mon introduction à la division, j'ai utilisé deux exemples sur lesquels je vais brièvement m'arrêter.

Le premier cas que j'ai cité est celui de l'enfant qui collectionne des cartes Pokémon. Il possède 26 doubles qu'il souhaite partager entre ses 4 amis. La question qui se pose est de déterminer combien de carte il donnera à chacun de ses amis ? Avec 26 cartes, il pourra faire 4 paquets de 6 cartes soit 24 cartes et il lui restera 2 cartes.

La seconde situation est celle de la maman qui souhaite partager 75 bonbons entre ses 3 enfants. Il s'agit ici de déterminer combien de bonbons elle pourra distribuer à chacun de ses enfants. La réponse est donnée par le résultat de la division de 75 par 3 soit 25. Elle pourra donc donner 25 bonbons à chacun de ses 3 enfants et il ne lui restera aucun bonbon.

Dans le premier cas, nous avons divisé 26 par 4 et il restait 2.

Dans le second cas, nous avons divisé 75 par 3 et il ne restait rien.

On dira ainsi que 26 n'est pas divisible par 4 car lorsqu'on fait le calcul il y a un reste. Par contre, on dira que 75 est divisible par 3 car lorsqu'on fait le calcul il n'y a pas de reste.

Lorsque l'on souhaite réaliser une division mentalement, il est très utile de savoir, avant même de démarrer le calcul, s'il va y avoir un reste à cette division ou non. Il existe des méthodes très simples pour déterminer si un nombre est divisible par 2, 3, 4 … jusqu'à 13. Cette méthode s'appelle le **critère de divisibilité**.

Critères de divisibilité	Exemple
Divisibilité par 2 : Un nombre est divisible par 2 si son dernier chiffre est pair (il finit par 0, 2, 4, 6 ou 8)	126 est divisible par 2, 133 n'est pas divisible par 2.
Divisibilité par 3 : Un nombre est divisible par 3 si la somme de ses chiffres est un multiple de 3.	131 n'est pas divisible par 3 car 1+3+1=5 et 5 n'est pas un multiple de 3, 531 est divisible par 3 car 5+3+1=9 et 9 est un multiple de 3.
Divisibilité par 4 : Un nombre est divisible par 4 si ses deux derniers chiffres forment un multiple de 4.	311 n'est pas divisible par 4 car 11 n'est pas un multiple de 4, 624 est divisible par 4 car 24 est un multiple de 4.
Divisibilité par 5 : Un nombre est divisible par 5 si son dernier chiffre est un 0 ou un 5.	234 n'est pas divisible par 5 car son dernier chiffre est 4, 990 est divisible par 5 car son dernier chiffre est 0.
Divisibilité par 6 : Un nombre est divisible par 6 s'il est à la fois divisible par 2 et par 3.	741 n'est pas divisible par 6 car il n'est pas divisible par 2 (mais il est divisible par 3), 234 est divisible par 6 car il est à la fois divisible par 2 et par 3.

Divisibilité par 7 : Un nombre est divisible par 7 si la différence entre le nombre de dizaines et le double du chiffre des unités est divisible par 7.	176 n'est pas divisible par 7 car $17 - 2 \times 6 = 17-12=5$ n'est pas divisible par 7, 553 est divisible par 7 car $55 - 2 \times 3 = 55-6=49$ est divisible par 7.
Divisibilité par 8 : Un nombre est divisible par 8 si cd + (u/2) est divisible par 4. c est le chiffre des centaines du nombre, d est le chiffre des dizaines et u est le chiffre des unités.	834 n'est pas divisible par 8 car cd + (u/2) = 83 + (4/2) = 85 n'est pas divisible par 4, 616 est divisible par 8 car cd + (u/2) = 61 + (6/2) = 64 est divisible par 4.
Divisibilité par 9 : Un nombre est divisible par 9 si la somme de ses chiffres est un multiple de 9.	445 n'est pas divisible par 9 car 4+4+5=13 et 13 n'est pas divisible par 9, 756 est divisible par 9 car 7+5+6=18 et 18 est divisible par 9.
Divisibilité par 10 : Un nombre est divisible par 10 si son dernier chiffre est un 0.	849 n'est pas divisible par 10 car son dernier chiffre est 9, 320 est divisible par 10 car son dernier chiffre est 0.
Divisibilité par 11 : Un nombre est divisible par 11 si la différence entre la somme des	1354 n'est pas divisible par 11 car 1+5=6 et 3+4=7 et 7-6=1 n'est pas divisible par 11,

chiffres pairs et la somme des chiffres impairs est divisible par 11.	1364 est divisible par 11 car 1+6=7 et 3+4=7 et 7-7=0 est divisible par 11.
Divisibilité par 12 : Un nombre est divisible par 12 s'il est à la fois divisible par 3 et par 4.	525 n'est pas divisible par 12 car il n'est pas divisible par 4 (mais il est divisible par 3), 156 est divisible par 12 car il est à la fois divisible par 3 et par 4.
Divisibilité par 13 : Un nombre est divisible par 13 si la somme du nombre de dizaines et du quadruple du chiffre des unités est divisible par 13.	426 n'est pas divisible par 13 car 42 + 4x6 = 42+24=68 n'est pas divisible par 13, 637 est divisible par 13 car 63 + 4x7 = 63+28=91 est divisible par 13. 91 est divisible par 13 car 9 + 4x1 = 9+4 = 13 est divisible par 13.

Les critères donnés dans le tableau ci-dessus sont relativement simples à mettre en œuvre et donnent une réponse rapide lorsqu'il s'agit de déterminer si un nombre est divisible par un autre nombre compris entre 1 et 13. Néanmoins, qu'en est-il de la divisibilité de 4913 par 17 ou de 3141 par 59 ?

Il est à nouveau assez aisé d'apporter une réponse à cette question grâce à la méthode dite **méthode des zéros** :

Illustration :

Nous devons déterminer si 4913 est divisible par 17

La méthode consiste à ajouter ou retrancher des nombres multiples de 17 au nombre 4913 pour y faire apparaître des 0.

Par exemple : 4913 + 17 = 4930

On supprime alors le 0 ainsi obtenu ce qui donne 493.

On répète alors la 1ère étape : 493 + 17 = 510 puis on supprime le 0 obtenu et il reste alors 51.

On constate que 51 = 3 x 17

Donc 4913 est bien divisible par 17.

Déterminons si 3141 est divisible par 59

3141 + 59 = 3200, en supprimant les 0 obtenus, il reste 32.

32 n'étant pas divisible par 59, on déduit que 3141 n'est pas divisible par 59.

Exercices :

Déterminer par la méthode des 0 si les nombres suivants sont divisibles :

a/ 22222 par 41
b/ 2777 par 23

Réponses :
a/ $22222 - 2 \times 41 = 2222 - 82 = 22140 \to 2214 - 4 \times 41 = 2214 - 164 = 2050 \to 205 - 5 \times 41 = 205 - 205 = 0$ donc 22222 est divisible par 41.
b/ $2777 + 23 = 2800 \to 28$ n'est pas divisible par 23 donc 2777 n'est pas divisible par 23.

Divisez par 2, 4 et 8 avant la calculatrice

La division étant l'inverse de la multiplication, les astuces mathématiques avec les nombres 2, 4 et 8 que nous avons vues dans le cadre de la multiplication peuvent être bien évidemment transposées à la division, ainsi :

Diviser par 4 revient à diviser deux fois de suite par 2,
Diviser par 8 revient à diviser trois fois de suite par 2.

Ainsi 64 / 4 = 64 / 2 / 2 = 32 / 2 = 16

Et 152 / 8 = 152 / 2 / 2 / 2 = 76 / 2 / 2 = 38 / 2 = 19.

Exercices :

Effectuez les divisions suivantes :

a/ 92 / 4
b/ 184 / 8
c/ 1296 / 4

Réponses :
a/ 23
b/ 23

Diviser par 2 est une opération facile à réaliser.
Diviser par 4 revient à diviser deux fois de suite par 2,
Diviser par 8 revient à diviser trois fois de suite par 2.

Divisez par 5, 25 et 50 avant la calculatrice

Lors de l'étude des techniques de multiplication, nous avons vu que,

Pour multiplier par 5, commencez par multiplier par 10 puis divisez par 2,
Pour multiplier par 50, commencez par multiplier par 100 puis divisez par 2,
Pour multiplier par 25, commencez par multiplier par 100 puis divisez deux fois de suite par 2.

La division étant l'inverse de la multiplication, il est très facile de retenir la façon de diviser par 5, par 50 et par 25, en effet :

Pour diviser par 5, commencez par multiplier par 2 puis divisez par 10,
Pour diviser par 50, commencez par multiplier par 2 puis divisez par 100,
Pour diviser par 25, commencez par multiplier deux fois de suite par 2 puis divisez par 100.

Illustration :

Nous devons calculer 2250 / 5
Commençons par calculer 2250 x 2 = 4500

Puis nous calculons 4500 / 10 = 450
Donc 2250 / 5 = 450

Calculons 7250 / 50

Commençons par calculer 7250 x 2 = 14500
Puis nous calculons 14500 / 100 = 145

Calculons 9650 / 25

Commençons par calculer 9650 x 2 = 19300
Puis nous calculons 19300 x 2 = 38600
Puis à nouveau 38600 / 100 = 386

Exercices :

Effectuez les divisions suivantes :

a/ 6250 / 5
b/ 11300 / 50
c/ 8650 / 25

Réponses :
a/ 1250
b/ 226
c/ 346

Diviser par 5 revient à multiplier par 2 puis diviser par 10,

Diviser par 50 revient à multiplier par 2 puis diviser par 100,
Diviser par 25 revient à multiplier deux fois de suite par 2 puis diviser par 100.

Divisez par 9 avant la calculatrice

Au cours du chapitre sur les multiplications, je vous ai fait aimer le nombre 11 en vous montrant à quel point il était simple de multiplier un nombre par 11. A présent, nous allons faire de même pour la division en nous intéressant au nombre 9.

Illustration :

Calculons 20403 / 9

On abaisse le 1er chiffre en partant de la gauche soit 2,
On ajoute ce chiffre (2), au chiffre à sa droite (0) soit 2+0=2,
On ajoute ce chiffre (2) au chiffre de droite suivant (4) soit 2+4=6,
On ajoute ce chiffre (6) au chiffre de droite suivant (0) soit 6+0=6,
On ajoute ce chiffre (6) au chiffre de droite suivant (3) soit 6+3=9.

Les 4 premiers chiffres donnent le résultat, le dernier chiffre donne le reste soit 2266 reste 9 c'est-à-dire 2267 reste 0.

On déduit donc que 20403 / 9 = 2267

$$***$$

Cela fonctionne sur un chiffre plus grand encore. **Calculons 124523 / 9**

On abaisse le 1ᵉʳ chiffre en partant de la gauche soit 1,
On ajoute ce chiffre (1), au chiffre à sa droite (2) soit 1+2=3,
On ajoute ce chiffre (3) au chiffre de droite suivant (4) soit 3+4=7,
On ajoute ce chiffre (7) au chiffre de droite suivant (5) soit 7+5=12,
On ajoute ce chiffre (12) au chiffre de droite suivant (2) soit 12+2=14,
On ajoute ce chiffre (14) au chiffre de droite suivant (3) soit 14+3=17,

Les 5 premiers chiffres donnent le résultat, le dernier chiffre donne le reste, soit :

1 3 7 (12) (14) reste (17)

Lorsqu'un nombre possède 2 chiffres, le premier de ces chiffres vient s'additionner au nombre précédent, on a dans l'ordre :

1

3
*7 + **1** (le 1 provient du **1**2 qui suit le 7)*
soit 8
*2 + **1** (le 1 provient du **1**4 qui suit le 12)*
soit 3
4

Reste 17

*On déduit donc que 124523 / 9 = 13834
reste 17 ou 13835 reste 8.*

Exercices :

Effectuez les divisions suivantes :

a/ 693 / 9
b/ 3170 / 9
c/ 2205 / 9

Réponses :
a/ 77
b/ 352 reste 2
c/ 245

Je vous concède que, selon la grandeur du
nombre à diviser par 9, cette technique n'est
pas forcément la plus simple à mettre en œuvre
mentalement. Néanmoins avec un peu de

pratique vous devriez être en mesure de résoudre ce type de division avec un papier et un crayon bien plus rapidement que par la méthode de division classique telle qu'apprise à l'école.

Découpez les nombres pour faire une division

Comme nous l'avons vu pour une multiplication la technique de découpage de nombre peut être transposée à la division. Cette technique est particulièrement adaptée lorsque l'on divise un nombre par un petit nombre compris entre 1 et 9 afin de n'avoir à utiliser que les tables de multiplication communes.

Illustration :

Essayons de calculer mentalement 4249 / 7

La méthode préconisée ici est de découper le plus grand nombre en nombres plus petits de un ou deux chiffres seulement. Le découpage devra être judicieux afin d'obtenir des divisions simples à effectuer.

Dans notre exemple, nous pourrons ainsi effectuer le découpage suivant :

4249 / 7 = 42//49 / 7 et effectuer les divisions suivantes :
42 / 7 = 6

49 / 7 = 7

En mettant ces résultats bout à bout, nous obtenons 4249 / 7 = 67.

$$***$$

De la même façon, nous pouvons calculer 24456 / 3

En effectuant le découpage 24//45//6 / 3 = 08//15//2 d'où nous déduisons que 24456 / 3 = 8152.

Exercices :

Effectuez les divisions suivantes en découpant les nombres :

a/ 102545 / 5
b/ 1218144 / 2
c/ 48365412 / 6

Réponses :
a/ 102545 / 5 = 10//25//45 / 5 = 2//05//08 = 20508
b/ 1218144 / 2 = 12//18//14//4 / 2 = 06//09//07//2 = 609072
c/ 48365412 / 6 = 48//36//54//12 / 6 = 08//06//09//02 = 8060902

Pour résoudre une division impliquant un grand nombre et un petit nombre, nous pouvons découper judicieusement le grand nombre afin de simplifier le calcul.

Divisez grâce aux nombres proches

La technique qui suit permet d'effectuer très simplement des divisions impliquant des nombres proches de 100, 1000 ou 10000.

Illustration :

Essayons de calculer 25485 / 8676

Il s'agit de remarquer que 8676 est un nombre proche de 10000.
En utilisant la technique présentée dans le chapitre « Soustrayez les nombres à 10, 100, 1000 en un clin d'œil », on peut facilement déterminer que 10000 − 8676 = 1324

Nous présenterons ces différents nombres sous la forme suivante :

B = Base (Y zéros)		
A = Diviseur	*E = Autres chiffres du nombre à diviser*	*D = Y chiffres du nombre à diviser*
C = (Base − Diviseur)		*F = C X E*
		G = D + F

Explication du tableau :

A : on y inscrit le diviseur de notre opération, dans notre exemple il s'agit de 8676.

B : on y inscrit la base de laquelle le diviseur est proche. Ce sera un nombre du type 100, 1000, 10000 etc.... Ici ce sera 10000. Notons que 10000 possède 4 zéros.

C : on y inscrit le résultat de la soustraction de la base et du diviseur. Ici 10000 – 8676 = 1324 ;

D : on y inscrit les chiffres du nombre à diviser. Il y a dans cette case autant de chiffres qu'il y a de zéros dans la base. Dans notre exemple, la base est 10000, il y a donc 4 zéros. On inscrit par conséquent dans la case, les 4 derniers chiffres du nombre à diviser (25485) soit 5485.

E : on y inscrit tous les autres chiffres du nombre à diviser qui n'ont pas été inscrits en D. Ici il reste le chiffre 2.

F : on y inscrit le résultat de la multiplication entre le nombre inscrit en

C et le nombre inscrit en B. Ici on multiplie 1324 x 2 = 2648.

G : on y inscrit le résultat de l'addition du nombre inscrit en F et du nombre inscrit en D. Ici on additionne 2648 + 5485 = 8133.

On obtient au final le tableau suivant :

10 000		
8 676	2	5485
1 324		2648
		8133

Le résultat de la division effectuée est donné dans la case E et le reste figure dans la case G.

On déduit que 25485 / 8676 = 2 reste 8133.

***

De la même façon, nous pouvons calculer 22321 / 7999

En remplissant le tableau comme expliqué ci-dessus, on obtient :

	10 000		
	7 999	2	2321
	2 001		4002
			6323

On déduit que 22321 / 7999 = 2 reste 6323.

Exercices :

Effectuez les divisions suivantes selon la même méthode :

a/ 125654 / 98751
b/ 497856 / 95454
c/ 95621 / 8753

Réponses :
a/ 1 reste 26903
b/ 5 reste 20586
c/ 10 reste 8091

La méthode des nombres proches permet de simplifier la résolution d'une division dès lors que le diviseur est proche de nombres tels que 100, 1000, 10000 etc....

Vérifiez le résultat d'une division

Tout comme pour les autres opérations, il est tout à fait possible d'utiliser la racine numérique pour vérifier le résultat d'une division.

Illustration :

Précédemment nous avons calculé 25485 / 8676 = 2 reste 8133

Ce qui revient à écrire 8676 x 2 + 8133 = 25485.

Calculons les racines numériques des nombres ci-dessus :
8676 = 8+6+7+6 = 27 → 2+7 = 9
8133 = 8+1+3+3 = 15 → 1+5 = 6
25485 = 2+5+4+8+5 = 24 → 2+4 = 6

Dans l'opération 8676 x 2 + 8133, remplaçons chaque nombre par sa racine numérique, cela donne 9 x 2 + 6 = 18 + 6 = 24 → 2 + 4 = 6

Nous vérifions que la racine numérique ainsi obtenue est égale à la racine numérique du résultat 25485 (qui est 6).

123

Si nous obtenons la même racine numérique, c'est que le calcul est probablement juste ; si ce n'est pas le cas, il est certain que le calcul est faux.

Exercices :

Déterminez, par la méthode de la racine numérique, si les calculs suivants sont faux :

a/ 12453 / 256 = 48 reste 165
b/ 9852 / 128 = 76 reste 124
c/ 5644 / 344 = 16 reste 135

Réponses :
a/
Détermination des racines numériques :
48 : 4+8=12 → 1+2=3
256 : 2+5+6=13 → 1+3=4
165 : 1+6+5=12 →1+2=3
12453 : 1+2+4+5+3=15 → 1+5=6
Calcul sur les racines numériques :
256 x 48 + 165 : 4 x 3 + 3 = 15 → 1+5=6
Les racines numériques sont égales, le calcul est surement juste.

b/
Détermination des racines numériques :
76 : 7+6=13→1+3=4
128 : 1+2+8=11→1+1=2
124 : 1+2+4=7
9852 : 9+8+5+2=24 →2+4=6
Calcul sur les racines numériques :
128 x 76 + 124 : 2 x 4 + 7 = 15 → 1+5=6
Les racines numériques sont égales, le calcul est surement juste.

c/

Détermination des racines numériques :
16 : 1+6=7
344 : 3+4+4=11 → 1+1=2
135 : 1+3+5=9
5644 : 5+6+4+4=19 → 1+9=10 → 1+0=1
Calcul sur les racines numériques :
344 x 16 + 135 : 2 x 7 + 9 = 23 → 2+3=5
Les racines numériques ne sont pas égales, le calcul est faux de façon certaine.

Déterminez si le résultat d'une division est faux en utilisant les racines numériques.

Conclusion

Nous arrivons au terme de notre voyage au pays des nombres et des mathématiques. Je souhaite que vous ayez pris du plaisir à parcourir ces pages en ma compagnie et que les différentes techniques que nous avons abordées aient pu modifier votre perception du calcul mental et peut-être vous réconcilier avec les chiffres.

Albert Einstein disait qu'un « problème sans solution est un problème mal posé ». Ainsi avons-nous vu que les techniques présentées dans cet ouvrage permettaient assez facilement de transformer une opération peu amicale de prime abord en une opération beaucoup plus simple. Regardez les nombres, transformez-les, jouez avec eux jusqu'à ce qu'ils prennent enfin une forme qui vous convienne.

Je vous encourage à parcourir encore et encore les pages de ce livre afin d'assimiler les différentes méthodes et surtout profitez de toutes les occasions que le quotidien met à votre disposition pour pratiquer. Vous vous apercevrez que très vite le calcul mental devient une seconde nature pour vous et bientôt vous utiliserez toutes ces méthodes naturellement sans même y penser.